양출 채소 레시피

yangchul

vegetable recipe

잎·열매 채소편

prologue

We're not vegetarian.
Vegetables are just tasty.

우리는 베지테리언이 아닙니다.
채소는 그냥 맛있습니다.

양출쿠킹을 운영할 때 손님들이 항상 채소 반찬을 남기더라고요. 그 모습을 보면서
채소를 맛있게 조리할 수 있는 방법을 고민하게 되었어요. 재료에 신경 쓰기
시작하면서 자연스럽게 농가들을 방문했는데요. 작물이 자라나는 모습을 보고
농부님들과 소통하면서 채소에 대해 몰랐던 정보들을 알게 되었어요. 그렇게 채소의
매력에 점점 빠져들었죠. 이것은 단지 개인이 느낀다고 해결될 문제는 아니더라고요.
환경과 인식을 바꾸기 위해서는 농부와 소비자를 연결하는 중간 매개체가
필요하다는 생각이 들었어요. 그 역할을 저희가 하게 된 거죠.

양출서울과 베지위켄드 두 개의 채소 중심 업장을 운영하면서 채소 클래스를 함께
진행 중이에요. 이를 통해 채소에 대해 이야기하고 집에서도 쉽고 빠르게 따라 할
수 있는 채소 조리법을 알려주고 있어요. 그래야만 직접 만들어보고, 또 느낄 수
있으니까요. 이렇게 한 걸음 한 걸음 나아가다 보면 소비자들도 각자의 취향을 갖게
되고 채소에 대한 소비도 늘어나겠죠. 그에 맞춰 농부들은 다양한 채소를 재배하게
되고 그만큼 사용할 수 있는 채소의 폭이 넓어지면 소비자들에게 더 좋은 요리를

제공할 수 있게 됩니다. 결과적으로는 다품종 소량 재배를 하는 소규모 농가들이 많아지는 선순환이 이루어질 것이고요.

이 책은 채소를 먹으면 몸에 좋고 건강해진다고 이야기하지 않아요. 접시의 조연으로만 머물던 채소를 주연으로 끌어내 채소의 무한한 가능성을 보여주고 조금이라도 채소에 관심을 갖게 되길 바랄 뿐이지요. 한쪽으로만 치우쳐 있던 식생활의 균형을 맞추고 자신의 취향을 발견하도록 하는 것이 목표예요.

많은 사람들이 개인의 신념이나 가치관에 의해 채식을 지향하지만 저희는 채소 자체로부터 시작했고 '채소'를 지향해요. 우리가 채소를 접하고 요리하며 느꼈던 것처럼 이 책이 여러분의 생활 속에서 조금이나마 도움이 됐으면 좋겠습니다.

focus
on
vegetables

Contents

✕ 필수 식재료

팬트리, 냉장고에 갖추어 두면 이 책에 나오는 요리는
다 만들 수 있어요.

셰리와인 비니거

셰리는 스페인 남부
헤레스데라프론테라*Jerez de la
Frontera* 근처에서 자란 백포도로
만든 주정 강화 와인으로 이를
활용해 만든 식초. 일반적인 와인
비니거보다 과일의 깊고 복잡한
풍미가 살아 있다. 단맛과 신맛이
적절하게 어우러져 있으며 음식에
가벼우면서도 프레시한 산미를
더한다.

크림치즈

생크림과 우유를 섞어 만든
치즈로 숙성을 거치지 않아
맛이 부드럽고 매끄럽다.
일반적인 치즈와 비교해
짠맛이 적고 약간의 산미와
고소한 끝 맛이 특징이다.
소스를 만들 때 주로
사용한다.

부라타 치즈

이탈리아어로 '버터와
같은'을 의미하며 신선한
모차렐라 치즈에 생크림을
듬뿍 넣어 만든다. 별도의
숙성 기간을 거치지 않아
신선한 맛이 살아 있으며
매끈하고 반질반질한
외피 안으로 부드럽고
고소한 크림이 가득 차
있다. 양출서울에서는
벨지오이오소 제품을
사용하고 있다.

말돈 솔트

영국 에식스*Essex* 동쪽 해안에서
수확하며 인공 첨가물을 더하지
않은 순수한 소금 결정이다.
크기가 불규칙하며 속이
비어 있는 피라미드 형태로
부드러우면서 부서지기 쉽고
가벼운 질감을 가지고 있어
입안에서 쉽게 녹아 사라진다.
쓴맛은 전혀 없으며 끝 맛이 달고
미네랄이 풍부하다. 조리용보다는
마지막에 포인트로 사용한다.

사워크림

생크림을 발효시켜
만들며 특유의 산미가
있다. 샐러드 드레싱이나
느끼한 음식에 곁들이는
소스를 만들 때 사용한다.

레몬

송호윤 셰프는 음식에서 산미를
가장 중시한다. 과즙뿐만 아니라
레몬의 껍질과 과육 모두 활용해
다채로운 산미를 표현한다.

마다가스카르 후추

후추는 원산지에 따라 맛과 향이
천차만별이다. 마다가스카르
후추는 상큼한 과일의 뉘앙스와
플로럴한 향을 느낄 수 있다.

그라나파다노 치즈

이탈리아에서 가장 대중적인 치즈로 '부엌의 남편'이라고
불릴 정도로 활용도가 높다.
숙성 치즈 특유의 고소함과 씹을수록 올라오는 단맛이
특징으로 파르미지아노레지아노 치즈와 비슷하지만 숙성
기간이 짧고 맛이 가벼운 편이다. 주로 갈거나 얇게 썰어
사용하며 채소의 부족한 맛과 향을 보충하는 역할을 한다.

엑스트라 버진 올리브유

올리브의 씨를 제거한 뒤 처음 짜낸 콜드 프레스 오일.
화학적인 정제 과정을 거치지 않아 풍미가 좋고 산도는
0.8% 미만으로 가장 신선하다. 국가, 지역, 브랜드마다
맛과 향이 천차만별인데 향이 강한 엑스트라 버진
올리브유는 그 자체로 즐기는 것이 좋다. 요리에 사용할
때는 향이 너무 튀지 않으면서 조화로운 제품을 고른다.

버터

채소 요리의 맛을 풍성하게 채워준다. 단독으로 먹기에는
프랑스산 버터가 좋지만 채소 요리에 사용하면 버터 자체의
풍미가 너무 부각될 수 있어서 뉴질랜드산 앵커 버터를
주로 사용한다. 일정한 크기로 썰어 용기에 담아 보관하는
것을 추천한다.

✕ 양출서울이 사랑하는 허브

허브만 잘 써도 음식에 멋과 맛을 더할 수 있어요.
백화점이나 대형 마트, 인터넷을 통해 구입이 가능해요.

✕ 허브 보관법

뚜껑이 있는 용기에 물에 적신 키친타월을
깔고 허브를 올린 뒤 다시 물에 적신
키친타월을 올린다. 뚜껑을 닫고 냉장실에
보관하면 수분이 날아가는 것을 방지할 수
있다. 키친타월을 자주 갈아주면 보관 기간이
길어진다.

✕ 양출서울이
추천하는 요리 도구

요리는 도구발!
이 정도는 기본으로 갖추고 있어야지요.

고무 스패출러
재료를 섞거나
버리는 부분 없이
알뜰하게 덜어낼 때
사용한다.

치즈 그레이터(소)
또는 제스터
치즈, 견과류, 레몬
제스트 등을 곱게
갈 때 사용한다.

슬라이서
채소나 과일을 손쉽게
일정한 두께로 슬라이스할
수 있다. 칼날에 손이
다치지 않도록 주의한다.

스패출러
케이크에 크림을 바르고 표면을
평평하게 다듬을 때 사용한다.
너비에 따라 재료를 뒤집거나
안전하게 옮길 때도 유용하다.

고무 집게
재료나 음식을 집을
때 사용한다. 손잡이
부분에 고무가 붙어
있어 뜨거워지는
것을 방지한다.

휘퍼
소스나 드레싱을
섞을 때 사용한다.

✕ 팬과 냄비

스테인리스 팬과 냄비
사용하기 다소 까다롭지만
내구성이 좋고 스크래치나
충격에 강하며 위생적이다.
크기에 따라 다양한 용도로
사용할 수 있다. 양출서울에서는
아미쿡 제품을 쓴다.

철 팬
주물 팬보다는 가벼워 사용하기
편하며 열전도율이 좋아 구이
요리에 적합하다. 녹슬기 쉽기
때문에 사용 후 물기를 완전히
제거해야 하며 사용하지 않을
때도 기름칠을 자주 해야 한다.

권재우 도자기

작가가 직접 물레를 돌려
다양한 품목을 소량 생산한다.
양출서울을 준비하면서 채소
요리를 어디에 담으면 그 자체의
색과 모습을 가장 잘 표현할
수 있을까 고민하다 우연히
SNS에서 올라온 접시들을 보게
되었다. 매트한 질감과 권재우
작가만의 색 표현이 양출서울의
채소 요리를 한껏 돋보이게
해주었고 지금까지 많은 사랑을
받고 있다.

와타나베 쇼지

2020년 1월, 도쿄의 파르코
백화점에서 채소 주말 팝업을
열었는데 그때 작가와의 인연이
시작되었다. 당시 친구의
레스토랑에서 사용하는 접시가
와타나베 쇼지였다. 질감은 거친
듯하면서 부드러우며 색에 따라
채소 요리의 느낌이 달라진다.
레스토랑에서 사용하다 보니
접시가 아무리 예뻐도 너무 얇아
깨지기 쉬우면 손이 가지 않는데
아직까지 한번도 깨진 적이
없다. 이러한 점에서 100퍼센트
만족하고 있다.

✕ 양출서울에서
즐겨 쓰는 접시들

yang
vege
rec

chul
able
ipe

시금치 소스와 구운 가리비
완두콩, 부라타
셀러리 청포도 소스와 연어 타르타르
근대 튀김
아스파라거스, 사과, 헤이즐넛
튀긴 방울양배추, 비프 타르타르
복숭아를 곁들인 주키니 구이
그린빈스, 소시지 구이와 사과 퓌레
오이 스테이크와 발사믹 비니거 소스
주키니 샐러드
아보카도, 키위, 광어
구운 아스파라거스, 홍합
찐 브로콜리와 랜치 소스
그린빈스 타코와 바질 마요
구운 멜론, 대파

yangchul

집에서 레스토랑 음식처럼 만들기는 어렵다고 생각해요. 재료를 각각 조리해야 하기 때문에 번거롭고 시간도 오래 걸리거든요. 그래서 클래스에서는 재료와 조리법을 최소화하려고 해요. 팬 하나로 완성하는 요리도 많죠. 팬에 고기나 해산물을 굽거나 지지면 팬 바닥에 육즙이 눌어붙는데요. 이걸 활용해 소스를 만들면 깊은 맛이 저절로 더해져요. 저는 가리비를 구운 팬에 시금치를 볶은 뒤 생크림을 넣어 소스를 완성했는데요. 여기에 와인 한 잔만 곁들이면 레스토랑이 부럽지 않더라고요. 자몽은 쌉싸래한 산미가 크림소스의 느끼함을 잡고 접시에 컬러감을 더한답니다.

lemon scallop
cream
olive
oil
spinach

시금치 소스와 구운 가리비

× × ×

Ingredients

시금치 1줌, 자몽 ¼개, 샬롯 1개, 마늘 1쪽, 가리비 관자 5개, 버터 15g, 생크림 50ml, 레몬 제스트·엑스트라 버진 올리브유 적당량, 소금·후춧가루 약간씩

① 시금치는 밑동을 제거하고 깨끗이 씻는다.

② 자몽은 껍질을 제거한 뒤 과육만 발라낸다.

③ 샬롯과 마늘은 얇게 슬라이스한다.

④ 달군 팬에 엑스트라 버진 올리브유를 두르고 가리비를
　　센 불에서 노릇하게 굽는다. 중간에 소금과 후춧가루를 뿌린다.

⑤ 가리비가 반 정도 익으면 버터, 샬롯, 마늘을 넣고 버터를
　　끼얹어가며 약불에서 익힌다.

⑥ 가리비를 건져 그릇에 담고 센 불로 올려 시금치를 볶는다.

⑦ 시금치가 숨이 죽으면 생크림, 레몬 제스트, 소금, 후춧가루를
　　넣고 약불로 끓인다.

⑧ 접시에 ❼을 깔고 구운 가리비와 자몽 과육을 올린 뒤 엑스트라
　　버진 올리브유, 후춧가루를 뿌려 완성한다.

완두콩, 부라타

× × ×

Ingredients

대파 ½대, 마늘 1쪽, 부라타 치즈 1개, 버터 15g, 냉동 완두콩(봉듀엘) 80g,
치킨스톡 30ml, 라임 제스트·엑스트라 버진 올리브유 적당량, 소금·후춧가루 약간씩

SNS를 뒤흔들었던 양출의 대표 레시피예요. 유명인들이 따라 하면서
기사화되고 완두콩과 부라타 치즈가 품절되기도 했지요. 비 오는 날
따뜻한 요리가 먹고 싶어서 만들어봤는데요. 대파와 마늘을 볶다가
완두콩을 넣고 자작하게 익히는데 이때 완두콩을 으깨는 것이 포인트예요.
완두콩 자체의 단맛이 국물에 자연스럽게 배어나거든요. 부라타 치즈와
함께 떠먹으면 되고요. 육류 요리, 굽거나 튀긴 생선에 가니시로 곁들여도
잘 어울려요.

① 대파와 마늘은 곱게 다진다.

② 부라타 치즈는 스푼으로 으깬다.

③ 팬에 버터를 두르고 대파와 마늘을 중불에서 볶아 향을 낸다.

④ 대파와 마늘이 익으면 완두콩을 넣고 섞는다.

⑤ 치킨스톡을 넣고 완두콩을 으깬다. 국물이 자작해지면 소금과 후춧가루로 간한다.

⑥ 접시에 ❺를 담고 으깬 부라타 치즈를 올린다.

⑦ 소금, 후춧가루, 라임 제스트, 엑스트라 버진 올리브유를 뿌려 완성한다.

셀러리 청포도 소스와 연어 타르타르

× × ×

Ingredients

연어 필레 100g, 간장 1Ts, 설탕 ½Ts, 레몬즙 ½개 분량, 엑스트라 버진 올리브유 1Ts,
레몬 제스트·딜 적당량, 소금·후춧가루 약간씩
셀러리 청포도 소스 → 청포도 100g, 셀러리 100g, 엑스트라 버진 올리브유 1Ts,
소금·후춧가루 약간씩

카페에서 셀러리 청포도 주스를 마신 적이 있는데요. 청포도의 단맛과
셀러리의 향이 잘 어울리더라고요. 평소 마시는 주스에 간만 해도 요리에
충분히 활용할 수 있어요. 편견을 깨는 것이 무엇보다 중요하죠. 연어
타르타르에 청포도와 셀러리를 1대 1 비율로 갈아 만든 소스를 곁들였어요.
연어 대신 먹다 남은 생선회를 사용해도 되고요. 셀러리나 절인 오이 등을
곁들여 식감을 더할 수도 있어요.

① 청포도는 알알이 떼어낸 뒤 깨끗이 씻는다.

② 셀러리는 질긴 섬유질을 벗겨낸 뒤 듬성듬성 썬다.

③ 블렌더에 청포도, 셀러리, 엑스트라 버진 올리브유, 소금, 후춧가루를 넣고 간 뒤 체에 거른다.

④ 연어는 물기를 제거하고 스몰 다이스로 썬다.

⑤ 볼에 간장, 설탕, 레몬 제스트, 레몬즙, 엑스트라 버진 올리브유, 후춧가루를 넣고 섞는다.

⑥ 연어에 ❺를 넣고 가볍게 버무린다.

⑦ 접시에 ❻과 셀러리 청포도 소스를 담고 딜과 엑스트라 버진 올리브유, 소금을 뿌려 완성한다.

6

7

sesame
egg

근대 튀김

× × ×

Ingredients

근대 6장, 달걀 1개, 소금 1꼬집, 설탕 1꼬집, 통깨 1ts,
엑스트라 버진 올리브유 적당량, 후춧가루 약간

chard

olive oil

얼마 전 농장에서 근대를 잔뜩 보내주셨어요. 어떤 요리를 할까 고민하다가
잎채소로 칩을 만드는 것에서 아이디어를 얻어 한번 튀겨봤어요. 가늘게
채 썬 근대를 튀긴 뒤 소금과 설탕, 후춧가루, 통깨를 솔솔 뿌리는데요.
채소로 만든 김자반이라고 생각하면 돼요. 뜨거울 땐 바삭하고 식으면 살짝
눅눅해지는데 그것도 나름의 매력이 있더라고요. 삶은 감자나 반숙 달걀
위에 솔솔 뿌려 드세요!

① 근대는 두꺼운 줄기는 잘라내고 말아서 가늘게 채 썬다.

② 실온에 꺼내둔 달걀은 끓는 물에 5분 30초간 반숙으로 삶는다.

③ 150℃로 달군 식용유에 ❶을 넣고 젓가락으로 휘저어가며 바삭해질 때까지 튀긴다.

④ 건진 뒤 기름을 빼고 소금, 설탕, 후춧가루, 통깨를 뿌린다.

⑤ 접시에 반으로 썬 달걀을 놓고 소금을 뿌린 뒤 ❹를 올린다. 엑스트라 버진 올리브유를 뿌려
　 완성한다.

베지위켄드를 오픈하면서 첫 번째로 아스파라거스로 만든 디시를 선보였어요. 아스파라거스의 어원이 '순' 또는 '새싹'인 만큼 시작을 알린다는 의미를 담았죠. 냉장실에 아스파라거스와 사과가 있어서 함께 사용했더니 의외로 잘 어울리더라고요. 저는 사과와 아스파라거스를 비슷한 식감으로 맞췄지만 사과를 뭉근하게 익혀 식감의 대비를 줄 수도 있어요. 식감만큼 중요한 것은 기름과 수분을 유화시켜 전체적인 농도를 맞추는 것이에요. 파스타를 만들 때와 비슷하답니다.

asparagus

olive oil

apple

butter

아스파라거스, 사과, 헤이즐넛

× × ×

Ingredients

아스파라거스 3대, 사과 1개, 버터 25g, 화이트 와인 30ml, 구운 헤이즐넛 1개, 채수·레몬 제스트·엑스트라 버진 올리브유 적당량, 소금·후춧가루 약간씩

① 아스파라거스는 억센 밑동 부분을 손으로 꺾고 길이를 일정하게 맞춘다.

② 필러를 이용해 껍질을 제거한다.

③ 머리 부분은 길게 반으로 가르고 나머지는 0.5cm 두께로 슬라이스한다.

④ 사과는 껍질과 씨를 제거하고 8등분한다.

⑤ 팬에 버터와 화이트 와인, 채수, 레몬 제스트, 사과를 넣고 소금과
  후춧가루로 간한 뒤 뚜껑을 덮어 중약불로 졸인다.

⑥ 사과가 부드럽게 익으면 불에서 내리고 아스파라거스를 넣는다.
  뚜껑을 덮어 잔열로 익힌다.

⑦ 접시에 담고 엑스트라 버진 올리브유와 제스터로 간 헤이즐넛을
  뿌려 완성한다. 헤이즐넛은 160℃로 예열한 오븐에 20분간
  구워 사용한다.

튀긴 방울양배추, 비프 타르타르

* * *

Ingredients

방울양배추 3개, 소고기 우둔살(육회용) 60g, 샬롯 1Ts, 케이퍼 ½Ts,
이탈리안 파슬리 1Ts, 엑스트라 버진 올리브유 1Ts, 소금·후춧가루 약간씩
타르타르 소스 → 마요네즈 1Ts, 스리라차소스 ½ts, 디종 머스터드 1ts, 꿀 ¼ts,
레몬 제스트 적당량, 소금·후춧가루 약간씩

방울양배추는 튀겼을 때 가장 맛있어요. 한 겹 한 겹 기름이 스며들면서
크리스피한 식감이 되거든요. 비프 타르타르를 함께 곁들였지만 고기보다
방울양배추가 훨씬 더 맛있을 거예요. 타르타르 소스에 스리라차소스가
들어가는데요. 고추장을 사용해도 의외로 잘 어울려요. 케이퍼가 없다면
남은 피클로 대체하시고요. 튀긴 방울양배추에 비프 타르타르를
듬뿍 올려 먹는 것을 추천해요.

brussel
sprout

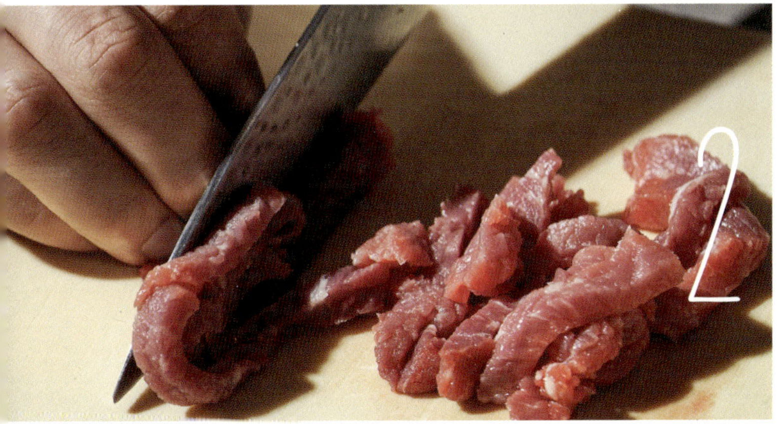

① 방울양배추는 반으로 썬다.

② 소고기는 핏물을 제거하고 얇게 저민 뒤 채 썬다. 다시 스몰 다이스로 썬다.

③ 샬롯, 케이퍼, 이탈리안 파슬리는 곱게 다진다.

④ 볼에 모든 타르타르 소스 재료를 넣고 섞는다.

⑤ ❷와 ❸, 타르타르 소스, 엑스트라 버진 올리브유를 넣고
가볍게 버무린다.

⑥ 180℃로 달군 식용유에 ❶의 방울양배추를 넣은 뒤 뚜껑을 닫고 튀긴다. 방울양배추의
　수분 때문에 기름이 많이 튀니 주의한다.

⑦ 전체적으로 골든 브라운 색이 나면 건져 기름을 빼고 소금과 후춧가루로 간한다.

⑧ 접시에 ❼을 담고 ❺를 올려 완성한다.

채소를 메인으로 근사한 한 접시를 완성할 수 있다는 것을 보여주고
싶었어요. 여름 제철 재료 두 가지를 함께 사용했는데요. 도톰하게 썬
주키니는 식감을 살려 구운 뒤 익힌 복숭아를 곁들였죠. 단맛만 너무
두드러질 것 같아서 바질과 홍고추를 더해 약간의 변주를 주었어요.

red
chilli
basil
butter
shallot

복숭아를 곁들인 주키니 구이

× × ×

Ingredients

주키니 ¼개, 복숭아 1개, 샬롯 1개, 홍고추 ¼개, 버터 15g,
엑스트라 버진 올리브유·바질 잎·그라나파다노 치즈 적당량, 소금·후춧가루 약간씩

① 주키니는 반으로 썰고 앞뒤로 칼집을 낸다.

② 복숭아는 껍질을 벗긴 뒤 듬성듬성 썬다.

③ 샬롯과 홍고추는 얇게 슬라이스한다.

④ 달군 팬에 엑스트라 버진 올리브유를 두르고 주키니를 센 불에서
　 노릇하게 굽는다.

⑤ 반 정도 익으면 버터와 샬롯을 넣고 중약불에서 완전히 익혀 건진다.

⑥ 복숭아를 넣고 약불에서 익힌다.

⑦ 복숭아가 부드러워지면 바질 잎, 홍고추, 소금, 후춧가루를 넣는다.

⑧ 접시에 구운 주키니와 샬롯, ❼을 담고 간 그라나파다노 치즈와
　 엑스트라 버진 올리브유, 소금을 뿌려 완성한다.

소시지와 채소를 같은 팬에 구워 완성한 원팬 요리예요. 부드러운
소시지와 아삭한 그린빈스의 조합으로 청경채나 아스파라거스처럼
식감이 있는 채소로 응용할 수 있어요. 저는 접시에 옮겨 담았지만 팬째
그대로 올리면 식탁이 특별해져요. 소스 대신 사과의 단맛과 산미를 살린
퓌레를 곁들였는데요. 사과를 익히는 정도는 취향에 맞게 조절할 수
있어요. 고운 질감을 원한다면 완전히 부드러워질 때까지 익히세요.

apple

sausage

onion

green

beans

그린빈스,
소시지 구이와 사과 퓌레

× × ×

Ingredients

그린빈스 10개, 양파 ¼개, 소시지 3개, 다진 이탈리안 파슬리 1Ts, 버터 15g,
레몬 제스트·엑스트라 버진 올리브유 적당량, 소금·후춧가루 약간씩
사과 퓌레 → 사과 1개, 버터 10g, 소금·후춧가루 약간씩

① 그린빈스는 양끝을 잘라낸 뒤 깨끗이 씻는다.

② 양파는 얇게 슬라이스한다.

③ 사과는 껍질과 씨를 제거한 후 얇게 슬라이스한다.

④ 달군 팬에 버터를 두르고 사과를 넣어 겉면을 코팅한다.

⑤ 타지 않도록 소량의 물을 넣은 뒤 뚜껑을 덮고 약불에서 익힌다.

⑥ 사과가 부드러워지면 소금, 후춧가루로 간하고 블렌더로 간다.

⑦ 달군 팬에 엑스트라 버진 올리브유를 두르고 소시지를 노릇하게 굽는다.

⑧ 소시지가 반 정도 익으면 양파를 넣고 볶는다. 이때 소금과 후춧가루로 간한다.

⑨ 양파가 부드러워지면 그린빈스, 다진 이탈리안 파슬리, 버터, 레몬 제스트, 엑스트라 버진 올리브유, 소금, 후춧가루를 넣고 익힌다.

⑩ 접시에 사과 퓌레를 깔고 ❾를 올린 뒤 엑스트라 버진 올리브유와 다진 이탈리안 파슬리를 뿌려 완성한다.

오이 스테이크와 발사믹 비니거 소스

× × ×

Ingredients

오이 1개, 고수 10g, 부순 깨 1Ts, 엑스트라 버진 올리브유·레몬 제스트 적당량,
소금·후춧가루 약간씩
발사믹 비니거 소스 → 발사믹 비니거 100ml, 꿀 1Ts, 레몬 제스트 적당량

coriander

sesame

balsamic vinegar

cucumber

발상의 전환은 우리의 식탁을 자유롭게 해요. 늘 생으로 먹던 오이를
한번 구워봤는데 완전히 다른 느낌이 나더라고요. 저는 일식의
다타키큐리たたき胡瓜를 양식적으로 재해석했어요. 구워 불 향을 입힌 오이를
졸인 발사믹 비니거 소스, 부순 깨와 함께 버무렸죠. 여기에 오이와
잘 어울리는 고수 잎을 듬뿍 올려 마무리했어요.

① 오이는 표면의 가시를 제거하고 깨끗이 씻는다. 4등분한 뒤 스푼으로 씨를 긁어낸다.

② 고수는 찬물에 담가 생생하게 살린 뒤 잎을 떼어낸다.

③ 소스 팬에 발사믹 비니거와 꿀, 레몬 제스트를 넣고 걸쭉해질 때까지 졸인다.

④ 달군 그릴 팬에 엑스트라 버진 올리브유를 두르고 오이를 살짝 구워 불 향을 입힌다.

⑤ 볼로 옮긴 뒤 소스와 부순 깨, 소금, 후춧가루를 넣고 가볍게 버무린다. 소스가 식어 굳었다면 재가열해 사용한다.

⑥ 접시에 담고 고수 잎과 레몬 제스트, 엑스트라 버진 올리브유를 뿌려 완성한다.

주키니 샐러드

× × ×

Ingredients

주키니 ¼개, 라임즙 ½개 분량, 다진 이탈리안 파슬리 1Ts, 엑스트라
버진 올리브유 2Ts, 라임 제스트·브라운 치즈·그라나파다노 치즈 적당량,
소금·후춧가루 약간씩

외국에서는 주키니를 생으로 먹는 경우가 많지만 우리나라에서는 익숙하지
않죠. 저는 주키니를 얇게 슬라이스한 뒤 엑스트라 버진 올리브유, 라임
등과 함께 가볍게 버무려 주키니 자체의 맛과 식감을 오롯이 느낄 수 있도록
했어요. 만들기도 정말 쉽고 간단하죠? 여기에 짭조름한 그라나파다노
치즈와 유청을 캐러멜라이징해 달콤한 뉘앙스가 있는 브라운 치즈를 함께
곁들이는데요. 브라운 치즈가 없다면 빼도 무방해요.

① 주키니는 채칼을 이용해 얇게 슬라이스한다.

② 브라운 치즈와 그라나파다노 치즈는 칼로 얇게 썬다.

③ 볼에 슬라이스한 주키니, 라임 제스트, 라임즙, 이탈리안 파슬리, 엑스트라 버진 올리브유,
   소금, 후춧가루를 넣고 가볍게 버무린다.

④ 접시에 ❸을 담은 뒤 두 가지 치즈를 올리고 엑스트라 버진 올리브유, 후춧가루를 뿌려
   완성한다.

생선회가 애매하게 남았을 때 추천하는 요리예요. 저는 광어회를 사용했지만
연어나 참치도 잘 어울려요. 여기에 아보카도로 만든 소스를 곁들였어요.
아보카도를 소스나 무스 형태로 바꾸면 적은 양으로도 여럿이 나눠 먹기에
좋답니다. 갈변되기 쉬우니 먹기 직전에 만들어야 해요. 상큼하면서 달달한
키위 살사가 전체적인 밸런스를 맞추는데요. 키위는 산미와 당도가 있는
다른 과일로 대체할 수 있어요. 상쾌한 애플민트와 고소한 잣으로 마무리해
입안 가득 다채로운 풍미와 식감이 느껴져요.

아보카도, 키위, 광어

× × ×

Ingredients

광어회 6쪽, 레몬 제스트·라임 제스트·엑스트라 버진 올리브유·
애플민트 잎·구운 잣 적당량, 소금·후춧가루 약간씩
아보카도 소스 → 아보카도 1개, 디종 머스터드 1ts, 마늘 1쪽,
라임즙 ½개 분량, 엑스트라 버진 올리브유 1Ts, 소금·후춧가루 약간
키위 살사 → 키위 ½개, 샬롯 ½개, 꿀 ½ts, 라임 제스트·
엑스트라 버진 올리브유 적당량, 소금·후춧가루 약간씩

① 아보카도는 반으로 갈라 껍질과 씨를 제거한다.

② 블렌더에 디종 머스터드, 마늘, 라임즙, 엑스트라 버진 올리브유, 소금, 후춧가루를 함께 넣고 곱게 간다.

③ 키위는 껍질을 벗기고 스몰 다이스로 썬다.

④ 샬롯은 잘게 다진다.

⑤ 볼에 ❸과 ❹, 꿀, 라임 제스트, 엑스트라 버진 올리브유, 소금, 후춧가루를 넣고 가볍게
   버무린다.

⑥ 광어회에 레몬 제스트, 라임 제스트, 엑스트라 버진 올리브유, 소금, 후춧가루를 뿌려 10분
   정도 마리네이드한다. 시간이 없다면 바로 사용해도 된다.

⑦ 접시에 아보카도 소스, 마리네이드한 광어, 키위 살사 순으로 담고 애플민트 잎을 올린다.

⑧ 제스터로 간 잣과 엑스트라 버진 올리브유, 소금을 뿌려 완성한다.

구운 아스파라거스와 홍합의 진한 감칠맛이 어우러진 요리예요.
홍합 외에도 다양한 조개를 활용할 수 있어요. 어떤 화이트 와인을
쓰느냐에 따라 전체적인 맛의 뉘앙스가 달라지는데요. 드라이한 화이트
와인을 추천하고 맛을 보고 산미가 부족하다면 레몬즙을 더하세요. 구운
아스파라거스와 홍합 육수를 함께 갈아 소스를 만든 뒤 곁들여도 좋아요.

white
wine

garlic

mussel

구운 아스파라거스, 홍합

×××

Ingredients

아스파라거스 4대, 홍합 300g, 마늘 3쪽, 화이트 와인 100ml, 버터 10g,
엑스트라 버진 올리브유·바질·레몬 제스트 적당량, 소금·후춧가루 약간씩

salt

① 아스파라거스는 억센 밑동 부분을 손으로 꺾고 길이를 일정하게 맞춘다.

② 홍합은 수염을 제거한 뒤 깨끗이 씻는다.

③ 약불로 달군 냄비에 엑스트라 버진 올리브유를 두른 뒤 마늘, 바질을 넣어 향을 낸다. 장식용 바질을 몇 장 남긴다.

④ 센 불로 올린 뒤 홍합을 넣어 섞고 화이트 와인을 넣는다.

⑤ 알코올이 날아가면 뚜껑을 덮고 홍합 껍데기가 열릴 때까지 익힌다.

⑥ 체에 밭쳐 껍데기와 살을 분리하고 육수는 남긴다.

⑦ 센 불로 달군 팬에 엑스트라 버진 올리브유를 두르고 아스파라거스를 굽는다.

⑧ 반 정도 익으면 중불로 줄이고 홍합 살, 홍합 육수, 버터, 레몬 제스트, 후춧가루를 넣어 섞는다. 부족한 간은 소금으로 보충한다.

⑨ 접시에 담고 장식용 바질과 엑스트라 버진 올리브유를 뿌려 완성한다.

찐 브로콜리와 랜치 소스

✕ ✕ ✕

Ingredients

브로콜리 ½개, 버터 25g, 채수 50ml,
레몬 제스트·엑스트라 버진 올리브유 적당량, 소금 약간
랜치 소스 → 딜 ½Ts, 처빌 ½Ts, 마요네즈 2Ts, 플레인 요거트 2Ts,
홀그레인 머스터드 1ts, 꿀 1ts, 레몬 제스트·엑스트라 버진 올리브유 적당량,
소금·후춧가루 약간씩

한식에서는 채소를 푹 익히는 것이 일반적이라 어렸을 때부터 싫어하는
경우가 많아요. 그래서 채소의 식감을 살리는 데 초점을 맞춰요.
얼마만큼 익히느냐에 따라 맛이 완전히 달라지기 때문에
계속 시도해보면서 스스로 감을 잡을 수 있어야 하죠.
채소 클래스에서는 쉽고 간단한 요리를 가르쳐요. 처음에는 레스토랑 요리와
클래스 요리가 달라 괴리감을 느끼기도 했는데요. 요리사로서 욕심을
부리는 것보다는 수강생들이 흥미를 가지고 직접 만들게 하는 것이 무엇보다
중요하다고 생각해요. 브로콜리의 아름다운 모양을 최대한 살려 그 자체가
오브제처럼 보였으면 했어요. 여기에 랜치 소스를 곁들였는데요.
보통 차갑게 즐긴다고 생각하지만 따뜻한 채소와 매칭해 웜 샐러드로
풀어내도 잘 어울린답니다.

① 브로콜리는 반으로 썬다.

② 딜과 처빌은 다진다.

③ 볼에 모든 랜치 소스 재료를 넣고 섞는다.

④ 팬에 버터와 채수, 브로콜리를 넣고 뚜껑을 덮어 3~5분간 약불로 찌듯이 익힌다. 취향에 따라 조리 시간을 조절한다.

⑤ 접시에 담고 랜치 소스와 레몬 제스트, 엑스트라 버진 올리브유, 소금을 뿌려 완성한다.

영국에서 스타주를 했을 때 바삭한 라이스 페이퍼 위에 슈거 스냅과
딜 마요네즈, 코르니숑, 샬롯을 올린 요리가 있었어요. 한국에서는
슈거 스냅을 구하기 힘들어 그린빈스로 대체했는데요. 제철 그린빈스
특유의 단맛과 아삭한 식감을 부각시키기 위해 부드러운 토르티야를
접목했어요. 마요네즈에 바질을 더했지만 어떤 허브를 써도 잘
어울리고요. 마요네즈를 만드는 과정이 번거롭다면 시판 마요네즈에
바질 페스토를 섞어도 괜찮아요. 느끼함을 잡아주는 스모크 파프리카
파우더가 없다면 레드 페퍼 플레이크를 사용하세요.

tortilla

basil
mayo

green beans

lemon

그린빈스 타코와 바질 마요

××××

Ingredients

그린빈스 10개, 토르티야 4장, 라임즙·라임 제스트·엑스트라 버진 올리브유·
바질 잎 적당량, 스모크 파프리카 파우더·소금·후춧가루 약간씩
바질 마요 → 카놀라유 200ml, 바질 잎 30g, 디종 머스터드 1ts, 마늘 1쪽,
레몬즙 ½개 분량, 달걀 1개, 소금·후춧가루 약간씩

① 그린빈스는 양끝을 잘라내고 끓는 소금물에 1분간 데친 뒤 얼음물에 담근다.

② 물기를 제거하고 스몰 다이스로 썬다.

③ 볼에 카놀라유, 바질 잎, 디종 머스터드, 마늘, 레몬즙, 소금, 후춧가루를 넣고 핸드믹서로 간다.

3

④ 달걀을 넣고 천천히 갈아 유화시킨다.

⑤ 토르티야는 달군 팬에 양면이 노릇해지도록 굽는다.

⑥ 볼에 그린빈스, 라임즙, 라임 제스트, 엑스트라 버진 올리브유, 소금, 후춧가루를 넣고 가볍게 버무린다.

⑦ 접시에 구운 토르티야를 깔고 바질 마요를 바른다.

⑧ ❻과 바질 잎을 올리고 스모크 파프리카 파우더와 엑스트라 버진 올리브유를 뿌려 완성한다.

구운 멜론, 대파

× × ×

Ingredients

멜론 ¼개, 대파 ½대, 버터 20g, 구운 헤이즐넛·레몬 버베나·레몬 제스트·
엑스트라 버진 올리브유 적당량, 소금·후춧가루 약간씩

대파는 브레이징하듯 부드럽게 익히고 멜론은 센 불에 구워
캐러멜라이징해 자체의 단맛을 최대한 끌어올렸어요. 여기에 레몬 향이
은은하게 나는 레몬 버베나와 고소하게 씹히는 헤이즐넛을 더해 다채로운
맛과 향, 식감이 어우러진 한 접시를 완성했어요.

① 멜론은 반으로 갈라 씨를 스푼으로 파낸다. 4등분하고 껍질을 벗겨 3cm 두께로 썬다.

② 대파는 질긴 껍질을 벗겨내고 2cm 두께로 썬다.

③ 팬에 버터를 두르고 대파를 중약불에서 서서히 익힌 뒤 소금과 후춧가루로 간한다.
대파를 익힐 때 팬의 지름에 맞춰 재단해 가운데 구멍을 뚫은 종이 포일로 덮는다.

6

④ 달군 그릴 팬에 엑스트라 버진 올리브유를 두르고 멜론을 센 불로 굽는다.

⑤ 접시에 구운 멜론을 담고 익힌 대파, 반으로 썬 구운 헤이즐넛, 레몬 버베나 순으로 올린다.

⑥ 소금, 후춧가루, 레몬 제스트, 엑스트라 버진 올리브유를 뿌려 완성한다.

초당옥수수 수프, 부라타 치즈, 청포도

옐로 파프리카 퓌레와 생선 튀김

단호박 샌드위치

엔다이브 망고 샐러드

참외 가스파초

초당옥수수 웜 샐러드

단호박 수프, 오이, 방울토마토

바나나 튀김

yangchul

초당옥수수 수프, 부라타 치즈, 청포도

× × ×

Ingredients

초당옥수수 3대, 우유 500ml, 타임 10g, 버터 30g, 청포도 3알,
부라타 치즈 ½개, 엑스트라 버진 올리브유·레몬 제스트 적당량,
소금·후춧가루 약간씩

초당옥수수의 알갱이와 속대를 모두 사용했어요. 속대는 우유에 넣고
데워 맛을 우려내는데요. 이때 타임을 넣으면 완성된 수프에 타임의 향이
은은하게 배어나요. 타라곤, 로즈메리, 오레가노처럼 향이 진한 허브를
사용하는 것을 추천해요. 초당옥수수를 센 불에서 캐러멜라이징하듯이
볶으면 구운 옥수수 풍미를 느낄 수 있고요. 불 세기는 취향에 맞게
조절하세요. 또 수프는 식으면서 조금 더 되직해지기 때문에 원하는
농도보다 묽게 만들어야 해요. 아무래도 단맛이 주가 되기 때문에
청포도의 싱그러운 산미로 약간의 변주를 주었어요.
키위처럼 산미를 지닌 다른 과일로도 응용해보세요.

swee
corn

① 초당옥수수는 껍질을 벗기고 칼을 이용해 알갱이와 속대를
  분리한다.

② 냄비에 초당옥수수 속대와 우유, 타임을 넣고 중불로 데운다.

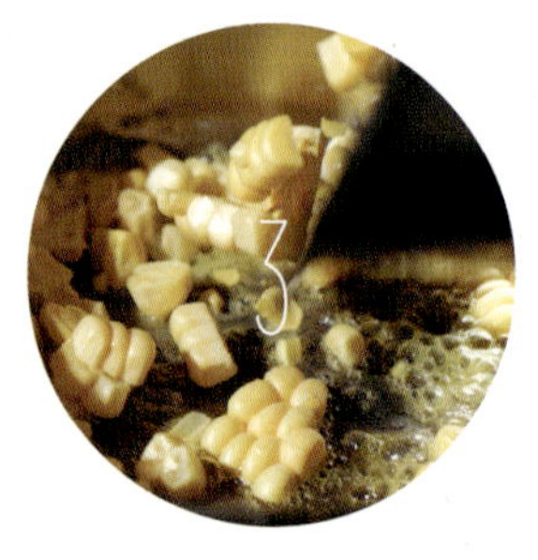  

③ 팬에 버터를 두르고 초당옥수수 알갱이를 중불에서 볶는다.

④ 초당옥수수 알갱이가 투명해지면 ❷를 체에 밭쳐 액체를
조금씩 나눠 넣는다. 너무 묽지 않은 퓌레 형태일 때
활용도가 더 높다.

⑤ 끓으면 약불로 낮추고 5분 정도 익힌 뒤 소금과 후춧가루로
간한다. 초당옥수수의 진한 풍미를 살리고자 한다면
졸이듯이 익히면 된다.

⑥ 블렌더에 갈고 체에 내린 뒤 차갑게 식힌다. 시간이 없다면 블렌더에 소량의 얼음을 함께 넣고 간 뒤 식혀도 된다. 간을 보고 부족하면 소금과 후춧가루를 더한다.

⑦ 청포도는 0.3cm 두께로 슬라이스하고 부라타 치즈는 스푼을 이용해 반으로 가른다.

⑧ 접시에 초당옥수수 수프를 담고 부라타 치즈와 청포도를 올린 뒤 소금, 후춧가루, 엑스트라 버진 올리브유, 레몬 제스트를 뿌려 완성한다.

옐로 파프리카로 퓌레나 소스를 만드는 경우는 드물더라고요.
저는 파프리카의 맛과 색을 오롯이 살려 퓌레를 만든 뒤 흰 살 생선 튀김과
매칭했어요. 비니거의 양을 늘리면 샐러드 드레싱으로도 활용할 수 있으니
용도에 맞게 산미를 조절하세요. 파프리카를 볶지 않고 오븐에 장시간
구운 뒤 갈면 자체의 단맛을 끌어올릴 수 있어요.

옐로 파프리카 퓌레와 생선 튀김

× × ×

Ingredients

흰 살 생선 필레(가자미) 1쪽, 건식 빵가루·다진 이탈리안 파슬리·그라나파다노 치즈,
엑스트라 버진 올리브유 적당량, 소금·후춧가루 약간씩
튀김 반죽 → 튀김 가루 50g, 물 80ml
옐로 파프리카 퓌레 → 옐로 파프리카 1개, 마늘 2쪽, 엑스트라 버진 올리브유 1Ts,
화이트와인 비니거 1Ts, 소금·후춧가루 약간씩

① 파프리카는 꼭지와 씨를 제거한 뒤 얇게 슬라이스한다. 마늘도 얇게 슬라이스한다.

② 흰 살 생선 필레는 물기를 제거하고 소금과 후춧가루, 엑스트라 버진 올리브유로 밑간한다.

③ 튀김 가루와 물을 섞는다.

④ 흰 살 생선 필레는 튀김 반죽, 빵가루 순으로 묻힌다.

⑤ 달군 팬에 엑스트라 버진 올리브유를 두르고 슬라이스한 파프리카와 마늘을 중불로 볶는다.

⑥ 파프리카가 숨이 죽으면 소량의 물을 넣은 뒤 뚜껑을 덮고 약불로 익힌다.

⑦ 블렌더에 ❻과 화이트와인 비니거, 엑스트라 버진 올리브유, 소금, 후춧가루를 넣고 곱게 간다.

⑧ 180℃로 달군 식용유에 ❹를 노릇하게 튀긴 뒤 건져 소금, 후춧가루를 뿌린다.

⑨ 접시에 옐로 파프리카 퓌레를 깔고 생선 튀김을 올린다.

⑩ 생선 튀김에 다진 이탈리안 파슬리, 간 그라나파다노 치즈, 엑스트라 버진 올리브유를 뿌려
   완성한다.

단호박 샌드위치

× × ×

Ingredients

식빵 2장, 버터·딸기잼 적당량
단호박 샐러드 → 단호박 1개, 구운 잣 1Ts, 다진 이탈리안 파슬리 1Ts, 버터 25g,
레몬즙 ½개 분량, 엑스트라 버진 올리브유 적당량, 소금·후춧가루 약간씩

마요네즈나 생크림을 넣지 않고 단호박의 맛을 최대한 살린 샐러드로
만든 샌드위치예요. 고소한 잣이 중간중간 기분 좋게 씹히고 입안에서
허브의 향이 은은하게 맴돌아요. 단맛과 산미는 딸기잼으로 보충했는데요.
사과잼이나 블루베리잼 등도 잘 어울려요.

① 단호박은 반으로 썰어 씨를 제거한 뒤 김이 오른 찜기에 부드러워질 때까지 익힌다.

② 뜨거울 때 잣, 다진 이탈리안 파슬리, 버터, 레몬즙, 엑스트라 버진 올리브유, 소금, 후춧가루를 뿌린 뒤 포크로 으깬다.

③ 식빵은 버터를 두른 팬에 한 면만 노릇하게 굽는다.

④ 식빵 1장에 딸기잼을 바르고 ❷를 올린 뒤 나머지 1장으로 덮는다.

⑤ 랩으로 팽팽하게 감싸고 도마를 올려 가볍게 누른다.

⑥ 한쪽 테두리를 잘라내고 반으로 썬다. 랩을 벗기고 접시에 담아 완성한다.

채소 클래스를 진행해보니 공통적으로 쉽고 간단한데 비주얼은 근사한
음식을 원하시더라고요. 제가 추천하는 방법은 하나의 재료를 여러 가지
조리법으로 풀어내는 것이에요. 망고로 살사와 드레싱을 만들었는데요.
드레싱은 레몬즙의 비중을 높여 산미를 강조했어요. 같은 재료를 쓰기
때문에 맛이나 식감에 변주를 줘야 단조롭지 않거든요. 단맛이 주가 되면
금방 물릴 수 있기 때문에 쌉싸래한 엔다이브를 곁들였어요.

엔다이브 망고 샐러드

× × ×

Ingredients

망고 2Ts, 적양파 1Ts, 엔다이브 1개, 다진 이탈리안 파슬리 1Ts,
다진 호두 ½Ts, 엑스트라 버진 올리브유·레몬 제스트·식용 꽃 적당량,
소금·후춧가루 약간씩
망고 드레싱 → 망고 ½개, 레몬즙 ½개 분량, 엑스트라 버진 올리브유 1Ts,
소금·후춧가루 약간씩

① 망고는 껍질을 벗기고 과육을 발라낸다.

② 망고 과육 일부와 적양파는 스몰 다이스로 썬다.

③ 엔다이브는 밑동을 제거하고 찬물에 담가 생생하게 살린다.

④ 블렌더에 남은 망고, 레몬즙, 엑스트라 버진 올리브유, 소금, 후춧가루를 넣고 간다.

⑤ 볼에 ❷와 다진 이탈리안 파슬리, 레몬 제스트, 엑스트라 버진 올리브유 1Ts, 소금, 후춧가루를 넣고 가볍게 섞는다.

⑥ 접시에 망고 드레싱을 깔고 엔다이브, ❺, 다진 호두, 식용 꽃, 소금, 후춧가루, 엑스트라 버진 올리브유 순으로 올려 완성한다.

참외 가스파초

× × ×

Ingredients

참외 2개, 크림치즈 1Ts, 레몬즙 ½개 분량, 엑스트라 버진 올리브유·
레몬 제스트·바질 잎 적당량, 소금·후춧가루 약간씩

가스파초는 스페인식 차가운 채소 수프예요. 토마토, 오이 등 다양한
채소와 과일을 활용할 수 있고, 갈아서 소금과 후춧가루로 간만 해도 요리가
완성돼요. 저는 참외 주스에 부드럽고 고소한 크림치즈의 풍미와 레몬즙의
산미를 추가해 가벼운 애피타이저를 만들었어요. 크림치즈와 레몬즙의 양은
입맛에 맞게 가감하고요. 거친 질감을 원한다면 체에 거르지 않아도 돼요.
슬라이스한 참외는 요리에 식감과 색감을 더하는 역할을 하는데요. 참외는
껍질이 두꺼운 편이지만 최대한 얇게 슬라이스하면 입에서 거슬리지 않아요.

① 참외 1개는 껍질을 벗기고 적당한 크기로 썬다.

② 블렌더에 크림치즈, 레몬즙, 엑스트라 버진 올리브유, 소금, 후춧가루를 함께 넣고
간 뒤 체에 거른다.

③ 남은 참외 1개는 반으로 갈라 씨를 제거하고 채칼을 이용해 얇게 슬라이스한다.

④ 볼에 레몬 제스트, 엑스트라 버진 올리브유, 소금, 후춧가루와 함께 넣고 가볍게
   버무린다.

⑤ 접시에 ❷를 담고 ❹와 바질 잎을 올린 뒤 엑스트라 버진 올리브유를 뿌려
   완성한다.

초당옥수수 웜 샐러드

× × ×

Ingredients

초당옥수수 1대, 대파(흰 부분) ½대, 셀러리 ⅓대, 자몽 ½개, 버터 25g,
그라나파다노 치즈 ½Ts, 타라곤·레몬 제스트·엑스트라 버진 올리브유 적당량,
소금·후춧가루 약간씩

따뜻하게 먹는 여름 샐러드예요. 각각의 재료가 가진 특징을 최대한
살리는 것에 중점을 두고 컬러의 조화에도 신경을 썼어요. 초당옥수수와
대파 특유의 단맛이 조화를 이루는데요. 마냥 달기만 하면 단조롭고
밋밋하기 때문에 중간중간 향기로움을 더하고 싶었어요. 천천히 곱씹으며
음미하다 보면 셀러리와 타라곤의 향이 입안에서 기분 좋게 맴돌아요.
자몽의 씁쓸하면서 달콤한 산미는 전체적인 맛의 밸런스를 맞춘답니다.

① 초당옥수수는 껍질을 벗기고 칼을 이용해 알갱이와 속대를 분리한다.
알갱이는 알알이 떼어낸다.

② 대파는 0.5cm 두께로 슬라이스한다.

③ 셀러리는 섬유질을 제거하고 얇게 슬라이스한다.

④ 자몽은 껍질을 제거하고 과육만 바른다.

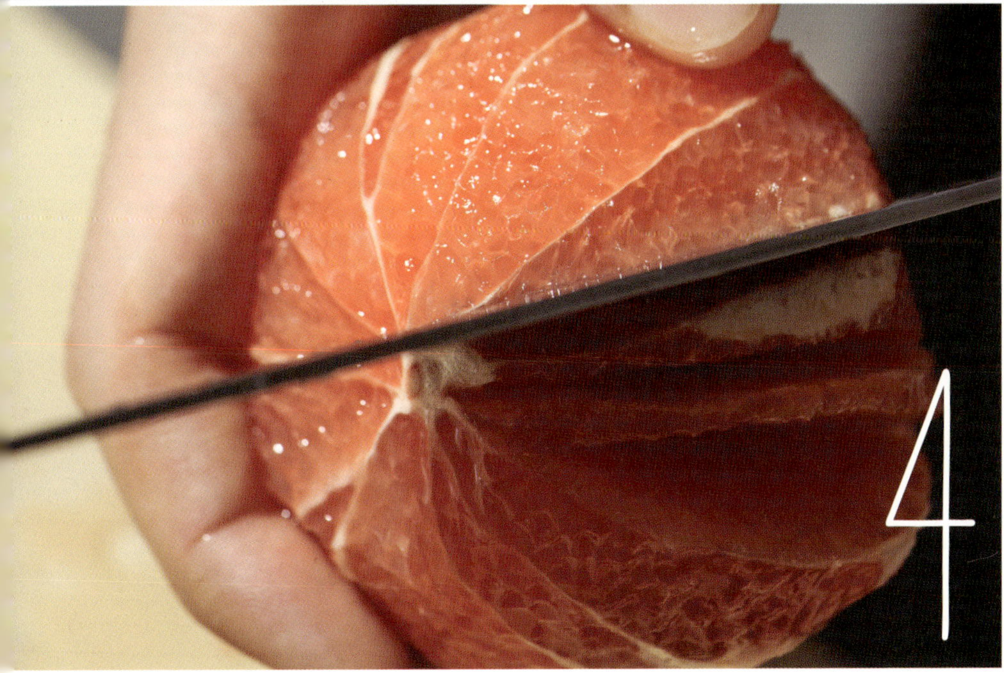

6

⑤ 팬에 버터를 두르고 대파를 약불에서 익힌다.

⑥ 대파가 부드러워지면 불에서 내리고 초당옥수수 알갱이, 셀러리, 소금, 후춧가루를 넣어
   잔열로 익힌다.

⑦ 접시에 담고 자몽 과육, 타라곤, 레몬 제스트를 올린다.

⑧ 그라나파다노 치즈를 필러로 슬라이스해 올리고 엑스트라 버진 올리브유와 소금을 뿌려
   완성한다.

단호박 수프, 오이, 방울토마토

* * *

Ingredients

오이 ¼개, 방울토마토 4개, 발사믹 비니거 1ts, 버터 5g,
엑스트라 버진 올리브유·다진 차이브 적당량, 소금·후춧가루 약간씩
단호박 수프 → 단호박 1개, 버터 20g, 생크림 150ml, 우유 150ml,
소금·후춧가루 약간씩

단호박 수프라고 하면 단맛을 먼저 떠올리는데요. 저는 단맛을 절제하고
담백함과 구수한 맛을 살렸어요. 묽은 수프만 내기보다 식감이 있는
재료들을 더하는 것을 좋아하는데요. 크루통이나 빵, 치즈 대신 센 불에
구워 불 향을 입힌 오이와 방울토마토를 곁들였어요. 재료 조합을 통해
다양한 맛을 연출하는 것이 훨씬 더 재밌다고 생각하거든요.

① 단호박은 반으로 썰어 씨를 파내고 필러로 껍질을 제거한 뒤 얇게 슬라이스한다.
전자레인지에 돌린 뒤 껍질을 벗기면 더 수월하다.

② 오이는 가시를 제거하고 길게 반으로 자른 뒤 스푼으로 속을 파낸다.

③ 방울토마토는 반으로 썬다.

④ 팬에 버터를 두르고 단호박을 중불에서 볶아 표면을 코팅한다.

⑤ 생크림과 우유를 넣고 뚜껑을 덮은 뒤 약불에서 끓인다.

⑥ 단호박이 부드럽게 익으면 소금과 후춧가루로 간하고
    블렌더에 곱게 간다.

⑦ 달군 팬에 엑스트라 버진 올리브유를 두르고 오이와
    방울토마토를 센 불에서 굽는다.

⑧ 약불로 줄이고 발사믹 비니거, 다진 차이브, 버터를 넣어 버무린 뒤 소금과 후춧가루로
간한다.

⑨ 접시에 단호박 수프를 담고 ❽을 올린 뒤 소금, 다진 차이브, 엑스트라 버진 올리브유를 뿌려
완성한다.

바나나 튀김

× × ×

Ingredients

바나나 1개, 쿠민 파우더 2g, 아몬드 파우더 50g, 코코아 파우더 5g,
황설탕 10g, 건식 빵가루 적당량
튀김 반죽 → 튀김 가루 50g, 물 80ml

따뜻한 온도감에 원물의 모양을 그대로 살린 디저트로 양출쿠킹에서 인기가
많았어요. 바나나에 튀김 반죽과 빵가루를 묻혀 튀기기만 하면 되니 쉽고
빠르게 완성할 수 있어요. 잘 익은 바나나를 사용해야 겉은 바삭하고 속은
크림처럼 부드럽고 달콤해요. 쿠민 파우더와 코코아 파우더, 아몬드 파우더,
황설탕을 섞은 독특한 풍미의 파우더를 뿌리면 포인트가 된답니다.

① 튀김 가루와 물을 섞는다.

② 바나나는 껍질을 벗기고 튀김 반죽, 빵가루 순으로 묻힌다.

③ 170℃로 달군 식용유에 노릇하게 튀긴다.

④ 볼에 쿠민 파우더, 아몬드 파우더, 코코아 파우더, 황설탕을 넣고 섞는다.

⑤ 접시에 튀긴 바나나를 담고 ❹를 뿌려 완성한다.

3

4

5

red

수박 가스파초
토마토 스크램블드에드
파프리카 마리네이드, 부라타 치즈
체리 소스와 굴 튀김
적상추 시저 샐러드
올리브 타프나드, 구운 래디시

yangchul

apricot

tomato

watermelon

수박 가스파초

· · ·

Ingredients

살구 ½개, 래디시 ½개, 처빌·라임 제스트·엑스트라 버진 올리브유 적당량,
소금·후춧가루 약간씩
수박 가스파초 → 수박 ¼통, 적양파 ¼개, 완숙 토마토 ½개, 레드 파프리카 ½개,
마늘 1쪽, 레몬즙 ½개 분량, 엑스트라 버진 올리브유 적당량, 소금·후춧가루 약간씩

radish

가스파초는 스페인식 차가운 채소 수프예요. 보통 토마토, 피망, 오이, 빵
등을 갈아서 만들지요. 저는 토마토 대신 여름을 대표하는 과일 수박을
사용했어요. 모든 재료를 섞어 하루 정도 마리네이드한 뒤 갈면 맛이
더 조화로워요. 가니시는 자유롭게 곁들이면 되는데요. 저는 맛과 향,
컬러감을 고려해 수박과 살구, 래디시, 처빌을 더했어요. 민트나 바질 같은
허브, 부라타 치즈도 잘 어울려요.

2
1

① 수박은 껍질과 씨를 제거하고 적당히 썬다. 일부는 다이스로 썰어 가니시로 활용한다.

② 블렌더에 손질한 수박과 나머지 수박 가스파초 재료를 넣고 간다.

③ 살구는 8등분하고, 래디시는 4등분한 뒤 0.1cm 두께로 썬다.

④ 그릇에 수박 가스파초를 담고 래디시, 가니시용 수박, 살구를 올린다.

⑤ 라임 제스트, 소금, 후춧가루, 처빌, 엑스트라 버진 올리브유를 뿌려 완성한다.

토마토 스크램블드에그

× × ×

Ingredients

완숙 토마토 ½개, 주키니 15g, 마늘 1쪽, 샬롯 1개, 버터 10g,
치킨스톡 50ml, 다진 이탈리안 파슬리·바질 잎·
엑스트라 버진 올리브유 적당량, 소금·후춧가루 약간씩
스크램블드에그 → 달걀 2개, 우유 50ml, 버터 10g, 소금·후춧가루 약간씩

아침에 간단하게 만들어 먹을 수 있는 요리예요. 스크램블드에그에 뭉근하게
익힌 토마토를 소스처럼 곁들였지요. 토마토가 익으면서 자연스럽게 맛이
우러나는데요. 어떤 토마토를 쓰느냐에 따라 맛이 달라진답니다. 달걀과
토마토 모두 부드럽기 때문에 얇게 슬라이스한 생주키니로 식감을 더했어요.
국물이 자작해 달걀과 토마토, 수프를 함께 즐기는 느낌도 들어요. 겨울에
먹으면 몸을 따끈하게 데워주고요. 먹고 나면 속도 편해요.

① 토마토는 꼭지를 떼어내고 4등분한다.

② 주키니는 얇게 슬라이스한다. 슬라이서를 이용하면 편하다.

③ 마늘과 샬롯은 얇게 슬라이스한다.

④ 볼에 달걀, 우유, 소금, 후춧가루를 넣고 섞는다.

⑤ 팬에 버터를 두르고 약불에서 마늘, 샬롯을 볶아 향을 낸다.

⑥ 마늘과 샬롯이 반 정도 익으면 토마토를 넣고 중불에서 익힌다.

⑦ 토마토가 반 정도 익으면 치킨스톡, 소금, 후춧가루를 넣는다.

⑧ 다진 이탈리안 파슬리를 넣고 국물을 끼얹어가며 뭉근하게 익힌다. 맛을 보고 부족한 간은 보충한다.

⑨ 다른 팬에 버터를 두른 뒤 ❹를 넣고 중약불에서 스크램블드에그를 만든다.
   이때 불을 조절하기보다는 팬을 반복해서 불에 올리고 내린다. 잔열로도
   익기 때문에 원하는 정도보다 조금 덜 익히는 것이 좋다.

⑩ 접시에 스크램블드에그를 담고 ❽을 올린다.

⑪ 얇게 슬라이스한 주키니와 바질 잎을 올리고 엑스트라 버진 올리브유와
   후춧가루를 뿌려 완성한다.

파프리카를 구우면 맛과 향이 한층 더 풍부해져요. 저는 직화를 이용했지만 190℃로 예열한 오븐에 40~50분 정도 구워도 돼요. 파프리카의 상태나 익히는 시간에 따라 맛이 달라지는데요. 오래 익히면 더 부드러운 식감이 된답니다. 물에 담그기보다 자체의 수분을 활용해 껍질을 벗겨야 맛이 빠지지 않고요. 마리네이드할 때는 좋아하는 식초로 응용이 가능하고 다채로운 맛을 원한다면 홀그레인 머스터드를 추가하세요. 스모키함과 단맛, 산미가 어우러져 치즈와 특히 잘 어울리는데요. 저는 으깬 부라타 치즈를 곁들였어요. 파프리카 마리네이드만 준비하면 금방 만들 수 있어요.

sherry

vinegar

burrata cheese

honey

파프리카 마리네이드, 부라타 치즈

× × ×

Ingredients

파프리카 1개, 부라타 치즈 1개, 엑스트라 버진 올리브유 적당량, 소금 약간
마리네이드 → 셰리 비니거 1Ts, 엑스트라 버진 올리브유 1Ts, 꿀 1ts,
레몬 제스트 적당량, 소금·후춧가루 약간씩

① 파프리카는 깨끗이 씻은 뒤 직화로
　구워 껍질을 까맣게 태운다.

② 용기에 넣고 밀폐해 수분이 고이도록
　한 뒤 껍질과 씨를 제거한다.

③ 큼지막하게 썰고 볼에 마리네이드
　재료와 함께 넣은 뒤 가볍게 섞어
　하루 정도 절인다.

④ 접시에 으깬 부라타 치즈를 담고 소금,
　엑스트라 버진 올리브유를 뿌린다.

⑤ ❸을 올리고 다시 한번 엑스트라 버진
　올리브유를 뿌려 완성한다.

3

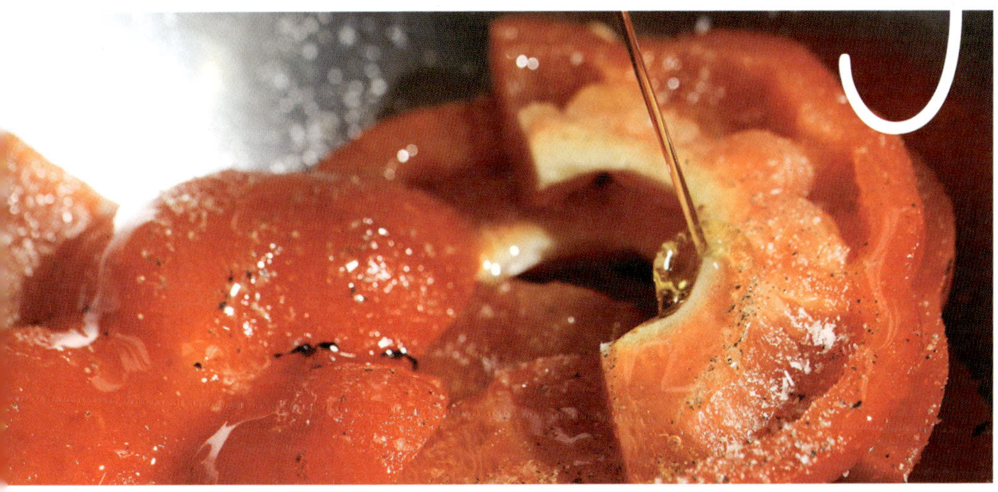

4

oy fried oysters

체리 소스와 굴 튀김

× × ×

Ingredients

굴·건식 빵가루·엑스트라 버진 올리브유 적당량, 소금·후춧가루 약간씩
체리 소스 → 체리 5개, 버터 10g, 셰리 비니거 1Ts, 물 1Ts,
레몬 제스트·딜 적당량, 소금·후춧가루 약간씩
튀김 반죽 → 튀김 가루 50g, 물 80ml

sherry vinegar

과일로 소스를 만들면 호불호가 없어서 다양한 요리에 활용할 수 있어요.
굴 튀김에 체리의 단맛과 산미를 살린 소스를 곁들이니 비린내와
느끼함을 잡아줘 산뜻해요. 소스를 만들 때는 일단 체리 맛을 본 뒤 그에
맞춰 산미와 당도를 조절하세요. 산미는 줄이고 당도를 올리면 가금류는
물론이고 돼지고기 요리, 유제품과도 궁합이 좋은데요. 으깬 부라타 치즈나
아이스크림에 곁들여도 잘 어울려요.

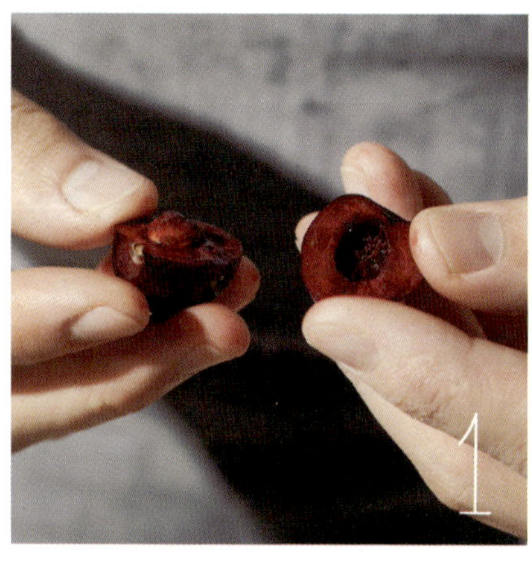 

① 체리는 칼집을 내고 반으로 갈라 씨를 제거한다.

② 굴은 소금물에 헹구고 물기를 제거한 뒤 소금과 후춧가루로 간한다.
소금물은 바닷물 염도로 맞춘다.

③ 튀김 가루와 물을 섞고 굴에 튀김 반죽, 빵가루 순으로 묻힌다. 튀김
반죽은 흐르는 정도의 농도면 적당하다.

④ 180℃로 달군 식용유에 노릇하게 튀긴다.

⑤ 팬에 버터와 셰리 비니거, 물을 넣고 중불로 끓인다.

⑥ 버터가 녹으면 체리, 레몬 제스트, 딜, 소금, 후춧가루를 넣고
   섞는다. 당도가 부족하면 꿀이나 설탕을 소량 넣는다.

⑦ 접시에 체리 소스를 깔고 튀긴 굴을 올린 뒤 엑스트라 버진
   올리브유를 뿌려 완성한다.

샐러드를 만들 때 굳이 구하기 어려운 특수 채소를 쓸 필요는 없어요.
적상추같이 일상적인 재료라도 활용법을 조금만 달리하면 완전히 다른
느낌을 줄 수 있답니다. 요거트나 사워크림은 용량이 커서 사용 후 항상
남는데요. 마요네즈와 함께 1대 1 비율로 섞어 시저 드레싱을 만들고
적상추에 뿌려 겹겹이 쌓았어요. 여기에 허브의 향긋함과 견과류의 고소한
식감이 더해지며 풍성한 한 접시 요리가 완성되었어요.

caesar
dressing

walnut
chervil
dill

적상추 시저 샐러드

× × ×

Ingredients

다진 호두 1Ts, 딜 5g, 처빌 5g, 적상추·엑스트라 버진 올리브유·
식용 꽃 적당량, 소금·후춧가루 약간씩
시저 드레싱 → 마요네즈 50g, 플레인 요거트 50g, 안초비 1쪽, 꿀 3g,
디종 머스터드 5g, 다진 이탈리안 파슬리 ½Ts, 레몬 제스트 ¼개 분량,
엑스트라 버진 올리브유 5ml, 후춧가루 약간

① 적상추는 찬물에 담가 싱싱하게 살아나면 건져 물기를 뺀다.

② 볼에 시저 드레싱 재료를 모두 넣고 섞는다.

③ 접시에 적상추를 깐 뒤 시저 드레싱을 뿌리고 다시 적상추를 올린다. 이 과정을 반복한다.

④ 소금, 후춧가루, 엑스트라 버진 올리브유를 뿌린다.

⑤ 구운 호두, 딜, 처빌, 식용 꽃을 올려 완성한다.

블랙 올리브와 안초비, 잣, 이탈리안 파슬리 등을 함께 갈아 만든
타프나드는 감칠맛과 짠맛이 있어 다양한 요리에 포인트로 활용할 수
있어요. 크림소스와 토마토소스는 물론이고 페스토와도 잘 어울려요.
구운 채소나 버섯에 곁들이거나 크래커에 올리기만 해도 간단한 와인
안주가 완성되지요. 텍스처는 엑스트라 버진 올리브유로 조절할 수
있는데요. 저는 소스처럼 묽게 만들어 버터에 구운 래디시에 뿌렸어요.

올리브 타프나드, 구운 래디시

× × ×

Ingredients

버터 15g, 래디시·엑스트라 버진 올리브유 적당량, 소금·후춧가루 약간씩
올리브 타프나드 → 블랙 올리브 75g, 안초비 5g, 셰리 비니거 10ml, 마늘 1쪽, 잣 10g,
다진 이탈리안 파슬리 1Ts, 레몬즙 ¼개 분량, 엑스트라 버진 올리브유 100ml, 설탕 2g

① 래디시는 깨끗이 씻고 반으로 썬다. 모양과 맛을 위해 잎이 달린 채로 사용한다.

② 푸드 프로세서에 올리브 타프나드 재료를 모두 넣고 간다.

③ 팬에 버터를 두르고 래디시를 중약불에서 노릇하게 굽는다. 소금과 후춧가루로 간한다.

④ 접시에 구운 래디시와 올리브 타프나드를 담고 엑스트라 버진 올리브유를 뿌려 완성한다.

white

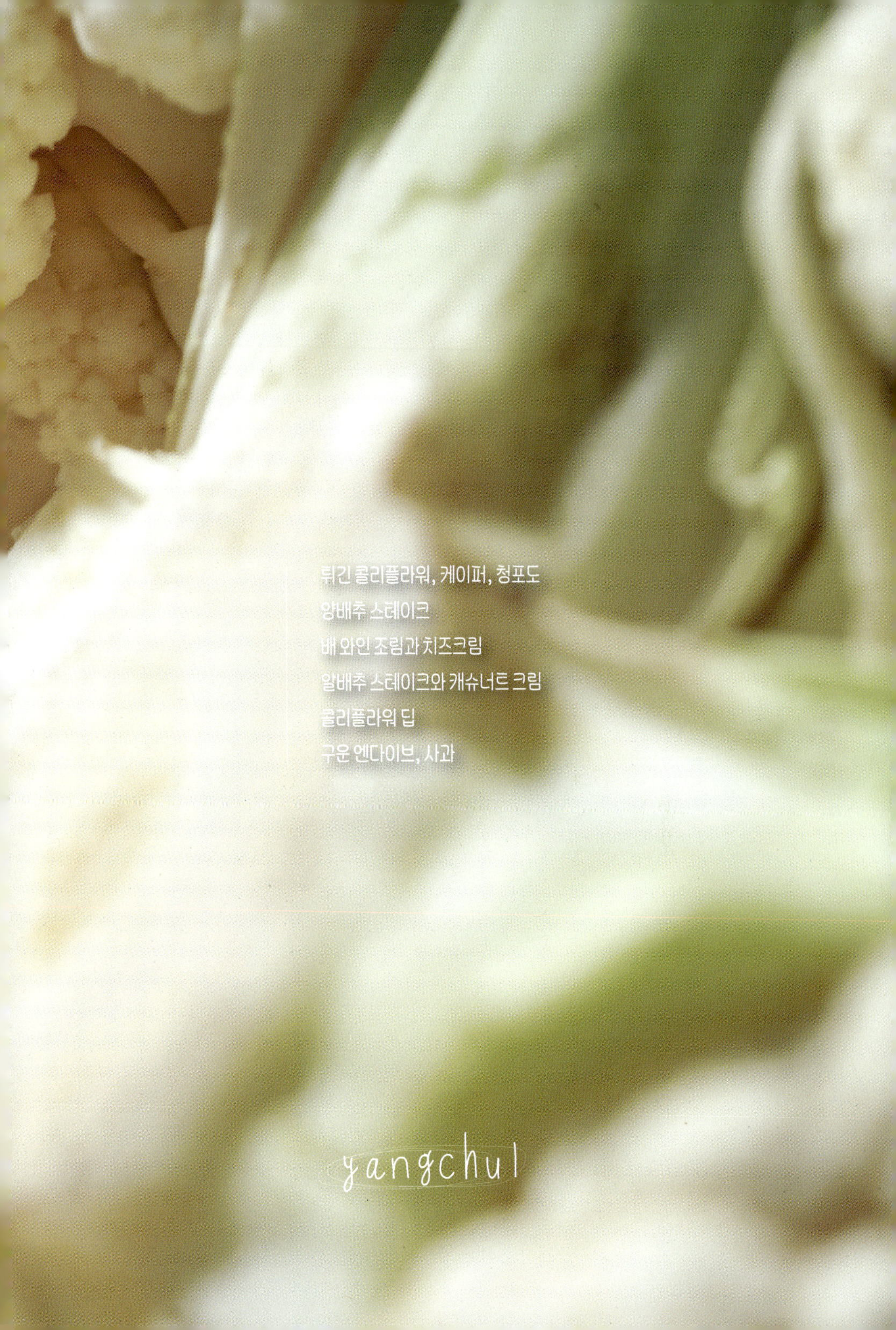

튀긴 콜리플라워, 케이퍼, 청포도

양배추 스테이크

배 와인 조림과 치즈크림

알배추 스테이크와 캐슈너트 크림

콜리플라워 딥

구운 엔다이브, 사과

yangchul

튀긴 콜리플라워, 케이퍼, 청포도

× × ×

Ingredients

청포도 3알, 버터 25g, 케이퍼 ½Ts, 콜리플라워 ⅙개,
다진 이탈리안 파슬리 ½Ts, 소금·후춧가루 약간씩

유럽에서 일할 때 히드보(송아지 흉선)에 콜리플라워 퓌레, 버터 소스를
곁들인 요리가 있었어요. 또 양출쿠킹에서 스스무 시미즈 셰프가
팝업을 했을 때 돼지 요리에 튀긴 콜리플라워를 가니시로 곁들였는데
맛있어서 기억에 남았죠. 콜리플라워를 튀기면 감자 맛이 나고 작은
송이들 사이사이로 기름이 스며들면서 포슬포슬한 식감이 되는 게
매력적이더라고요. 여기에 산미와 짠맛을 더한 버터 소스를 곁들였는데요.
양출쿠킹의 시그니처 디시 중 하나이기도 했어요. 소스에 산미를 더하는
청포도는 열을 받아도 무르지 않고 과육이 살아 있는 제철 과일로 대체할 수
있어요. 딸기를 써도 잘 어울린답니다.

① 청포도는 0.3cm 두께로 슬라이스한다.

② 냄비에 버터와 케이퍼를 넣고 약불에서 녹인다.

③ 콜리플라워는 180℃로 달군 식용유에 중간중간 기름을 끼얹어가며 노릇하게 튀긴다. 건져 기름을 빼고 소금, 후춧가루로 간한다.

④ ❷를 불에서 내리고 다진 이탈리안 파슬리와 ❶의 청포도를 넣어 섞는다.

⑤ 접시에 튀긴 콜리플라워를 담고 ❹를 뿌려 완성한다.

양배추 스테이크

× × ×

Ingredients

양배추 ⅛개, 다진 딜 1Ts, 다진 처빌 1Ts, 버터 15g,
엑스트라 버진 올리브유 적당량, 소금·후춧가루 약간씩
머스터드소스 → 홀그레인 머스터드 1Ts, 꿀 1Ts, 레몬즙 ½개 분량,
엑스트라 버진 올리브유 1Ts, 레몬 제스트 적당량, 소금·후춧가루 약간씩

양배추를 불 향을 입혀 구워 특유의 단맛을 끌어올렸어요. 저는 아삭한
식감을 살렸지만 부드럽게 익혀도 괜찮아요. 여기에 산미를 부각시킨
머스터드소스를 넉넉히 뿌렸는데요. 구운 양배추 단면에 머스터드소스를
바른 뒤 여러 가지 허브와 식용 꽃을 묻히면 풍미와 비주얼을
업그레이드할 수 있어요.

① 양배추는 8등분한다.

② 볼에 머스터드소스 재료를 모두 넣고 섞는다.

③ 달군 팬에 엑스트라 버진 올리브유를 두르고 양배추를 센 불에서 노릇하게 굽는다.

④ 반 정도 익으면 버터, 소금, 후춧가루를 넣고 약불로 줄여 마저 익힌다.

⑤ 구운 양배추를 접시에 담고 머스터드소스와 다진 딜, 다진 처빌, 엑스트라 버진
　 올리브유를 뿌려 완성한다.

배에다 화이트 와인과 레몬, 향신료를 넣고 졸였어요. 하루 정도 두었다 먹으면 향이 고루 배어든답니다. 설탕 양을 줄이면 추운 날 우리나라의 배숙처럼 즐기기 좋고요. 뜨거운 배 와인 조림에 차가운 치즈크림을 곁들여 상반된 온도감을 느껴보는 것을 추천해요. 배 와인 조림을 차갑게 먹고 싶다면 치즈크림의 당도를 조금 줄이세요. 차가울 때 맛과 향이 더 잘 느껴지거든요. 치즈크림을 만들기 번거롭다면 바닐라아이스크림을 곁들여도 돼요.

배 와인 조림과 치즈크림

× × ×

Ingredients

배 1개, 화이트 와인 150ml, 스타아니스 2개, 월계수 잎 1장, 시나몬 스틱 2개, 클로브 3알, 설탕 100g, 소금 1꼬집, 레몬 제스트·다진 헤이즐넛· 엑스트라 버진 올리브유 적당량
치즈크림 → 생크림 150ml, 설탕 30g, 크림치즈 50g, 레몬 제스트 적당량

① 배는 8등분해 껍질과 씨를 제거한다.

② 냄비에 화이트 와인, 레몬 제스트, 스타아니스,
월계수 잎, 시나몬 스틱, 클로브, 소금, 설탕을
넣어 끓인다.

③ 설탕이 녹으면 배를 넣고 30분 이상 졸인다.
센 불로 끓이다가 끓으면 중약불로 줄인다.

④ 볼에 생크림과 설탕을 넣고 70~80% 정도로 휘핑한다.

⑤ 크림치즈는 실온에 두었다가 부드럽게 푼 뒤 ❹를 조금씩 나눠
　 넣어가며 섞는다. 마지막에 레몬 제스트를 넣는다.

⑥ 접시에 치즈크림을 깔고 배 와인 조림을 올린 뒤 구운 헤이즐넛,
　 소금, 엑스트라 버진 올리브유를 뿌려 완성한다.

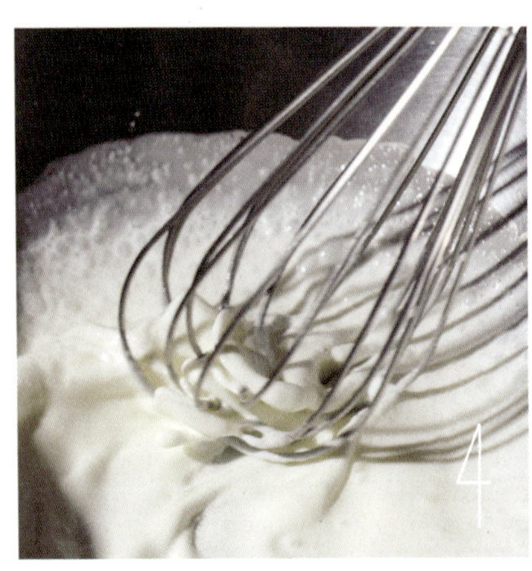

알배추 스테이크와 캐슈너트 크림

× × ×

Ingredients

알배추 ¼개, 차이브 1Ts, 버터 30g, 레몬 제스트·
엑스트라 버진 올리브유 적당량, 소금·후춧가루 약간씩
캐슈너트 크림 → 캐슈너트 100g, 우유 100ml,
엑스트라 버진 올리브유 적당량, 소금·후춧가루 약간씩

캐슈너트는 고소하면서 향이 온화하고 식감도 부드러워 다양하게 변주가
가능해요. 특히 캐슈너트로 만든 크림은 비건들이 다양한 요리에 소스로
사용하는데요. 자체에 은은한 단맛이 있어서 설탕을 따로 넣을 필요가
없답니다. 저는 우유를 넣었지만 비건이라면 채수나 물을 사용하면 돼요.
부드러운 느낌을 살리고 싶다면 우유의 양을 늘리세요. 알배추는 구워
단맛을 끌어올리고 불 향을 더했는데요. 남녀노소 누구나 좋아한답니다.
자칫하면 느껴질 수 있는 느끼함은 차이브와 레몬 제스트가 잡아줘요.

① 알배추는 4등분한다.

② 볼에 캐슈너트와 우유를 1대 1 비율로 넣고 하루 정도 불린다. 캐슈너트를 불리면 부드러워져 갈기도 용이하다.

③ 블렌더에 넣고 곱게 간다.

④ 엑스트라 버진 올리브유, 소금, 후춧가루를 넣는다. 취향에 따라 우유를 가감해
농도를 조절한다.

⑤ 차이브는 송송 썬다.

⑥ 달군 팬에 엑스트라 버진 올리브유를 두르고 센 불에서 알배추를 노릇하게 굽는다.

⑦ 알배추가 반 정도 익으면 버터를 넣고 약불에서 익힌 뒤 소금, 후춧가루를 뿌린다.

⑧ 접시에 따뜻하게 데운 캐슈너트 크림을 깔고 구운 알배추를 올린다.

⑨ 차이브와 레몬 제스트, 엑스트라 버진 올리브유, 소금을 뿌려 완성한다.

부드럽게 익힌 콜리플라워를 곱게 갈아 딥으로 만들었어요. 콜리플라워를
덜 익히면 체에 내렸을 때 입자가 거칠고 쓴맛이 날 수 있으니
주의하시고요. 완성된 콜리플라워 딥은 빵이나 채소 스틱을 찍어 먹거나
해산물 요리의 가니시, 파스타 소스로도 활용이 가능해요. 여기에 익히지
않은 콜리플라워와 브로콜리를 제스터로 곱게 갈아 올려 프레시함과
다채로운 식감을 느낄 수 있어요. 콜리플라워를 익힐 때 좋아하는 허브를
넣고 향을 우려내도 되고요. 마지막에 쿠민이나 수막Sumac 같은 향신료를
뿌리면 이국적인 풍미가 더해져요.

broccoli
cauliflower
lemon
salt
pepper

콜리플라워 딥

× × ×

Ingredients

콜리플라워 제스트 ½Ts, 브로콜리 제스트 ½Ts,
레몬 제스트·엑스트라 버진 올리브유 적당량
콜리플라워 딥 → 콜리플라워 ¼개, 버터 25g, 채수(물) 50ml, 우유 100ml,
소금·후춧가루 약간씩

① 콜리플라워는 갈변된 부분을 칼로
벗겨낸 뒤 잘게 다진다.

② 팬에 버터를 녹이고 ❶을 넣어
표면을 코팅하듯 섞는다.

③ 타지 않도록 소량의 채수를 넣고
뚜껑을 덮어 약불로 찌듯이 익힌다.
중간중간 채수를 보충한다.

④ 콜리플라워가 부드럽게 익으면 우유를 넣고 5분간 졸인 뒤 소금과 후춧가루로 간한다.

⑤ 블렌더에 곱게 간 뒤 체에 내린다. 모자란 간은 소금과 후춧가루로 보충하고 접시에 담는다.

⑥ 콜리플라워 제스트와 브로콜리 제스트를 뿌린다.

⑦ 레몬 제스트를 올린 뒤 엑스트라 버진 올리브유를 뿌려 완성한다.

구운 엔다이브, 사과

× × ×

Ingredients

엔다이브 2개, 사과 ½개, 버터 25g, 화이트 와인 50ml, 다진 처빌 1Ts,
레몬 제스트·그라나파다노 치즈·엑스트라 버진 올리브유 적당량, 소금·후춧가루 약간씩

엔다이브는 쓴맛이 강해 오렌지나 감귤류의 즙과 졸이듯이 익히는 경우가
많아요. 하지만 저는 쓴맛을 최대한 살리고 싶었어요. 화이트 와인, 버터와
함께 익힌 뒤 마지막에 사과를 넣어 사과 자체의 산미와 단맛을 최대한
활용했죠. 부드러운 엔다이브와 살캉살캉하게 씹히는 사과의 상반된
식감에 짭조름한 그라나파다노 치즈, 향긋한 처빌까지 어우러져
와인 안주로 정말 잘 어울려요.

① 엔다이브는 반으로 썬다.

② 사과는 껍질을 벗겨 스몰 다이스로 썬다.

③ 팬에 엔다이브와 버터, 화이트 와인, 소금, 후춧가루를 넣고 가열한다.

④ 끓으면 불을 줄인 뒤 뚜껑을 덮고 엔다이브가 부드러워질 때까지 익힌다.

⑤ 사과를 넣은 뒤 뚜껑을 닫고 식감을 살려 익힌다.

⑥ 레몬 제스트와 다진 처빌을 뿌린다.

⑦ 엑스트라 버진 올리브유, 소금, 후춧가루, 슬라이스한
   그라나파다노 치즈를 뿌려 완성한다.

7

purple

가지 딥, 빵
적양배추 웜 샐러드
구운 포도 타르틴
매시트 블루베리, 리코타 치즈, 감자칩
가지 스테이크와 자두 살사

yangchul

가지의 껍질을 벗겨 딥의 형태로 만든 요리는 다양한 나라에서 즐겨요.
가지를 반으로 가르면 속에 가득 들어찬 씨가 캐비아 같다고 해서 가지
캐비아라고도 불린답니다. 오븐 대신 직화로 구우면 스모키한 풍미를
더할 수 있고, 취향에 따라 다양한 향신료를 추가해도 좋아요. 빵 대신
구운 여름 채소에 곁들여도 잘 어울리고요. 베지위켄드에서는 여기에
타프나드를 섞은 뒤 엔젤헤어 파스타와 함께 내기도 했어요.

가지 딥,

× × ×

Ingredients

빵 1쪽, 버터 적당량, 그라나파다노 치즈·엑스트라 버진 올리브유 약간씩
가지 딥 → 가지 2개, 엑스트라 버진 올리브유 1Ts, 셰리 비니거 ½Ts,
다진 이탈리안 파슬리 1Ts, 소금·후춧가루 약간씩

① 가지는 소금, 후춧가루, 엑스트라 버진 올리브유를 뿌리고 200℃로 예열한 오븐에 40분
   정도 굽는다. 가지가 부드러워질 때까지 구우면 된다.

② 속살만 긁어내고 칼로 다진다.

③ 셰리 비니거, 다진 이탈리안 파슬리, 엑스트라 버진 올리브유, 소금, 후춧가루를 뿌려 섞는다.

④ 달군 팬에 버터를 녹이고 빵을 노릇하게 굽는다.

⑤ 접시에 구운 빵을 담고 가지 딥을 올린 뒤 간 그라나파다노 치즈, 엑스트라 버진 올리브유를
   뿌려 완성한다.

적양배추 웜 샐러드

× × ×

Ingredients

적양배추 ¼개, 베이컨 2Ts, 셰리 비니거 2Ts, 다진 딜 1Ts, 그라나파다노
치즈·엑스트라 버진 올리브유 적당량, 소금·후춧가루 약간씩

bacon

salt

pepper

sherry vinega

양배추 한 통을 사면 항상 남아 결국 버리게 되잖아요. 양배추를 익히면 숨이
죽으면서 부피가 확 줄어 더 많은 양을 먹을 수 있어요. 양배추와 베이컨을
볶은 뒤 간과 산미를 더하는데요. 셰리 비니거 대신 발사믹 비니거나
화이트와인 비니거, 레몬즙을 써도 괜찮아요. 요리에 정답은 없거든요.
자신만의 취향과 감각을 찾는 것이 가장 중요하지요. 즉석에서 만드는
사워크라우트(독일식 양배추 절임) 느낌이라 테린이나 파테같이 풍미가 진한
음식과 특히 잘 어울리고요. 샌드위치 속재료로도 추천해요.

① 적양배추는 얇게 채 썬다.

② 베이컨은 1cm 길이로 썬다.

③ 달군 팬에 베이컨을 중약불에서 기름이
   나올 때까지 굽는다.

④ 베이컨이 바삭해지면 건진 뒤 적양배추를 넣고 센 불에서
   볶는다.

⑤ 적양배추의 숨이 죽으면 약불로 줄이고 셰리 비니거, 엑스트라
   버진 올리브유, 소금, 후춧가루를 넣어 섞는다.

⑥ 불에서 내려 구운 베이컨과 다진 딜을 넣는다. 잔열로 익힌 뒤
   맛을 보고 부족한 간과 산미를 보충한다.

⑦ 접시에 담고 간 그라나파다노 치즈와 엑스트라 버진
   올리브유를 뿌려 완성한다.

구운 포도 타르틴

✕ ✕ ✕

Ingredients

포도 10알, 빵 1쪽, 구운 잣 ½ts, 딜 1ts, 버터·엑스트라 버진 올리브유 적당량,
소금·후춧가루 약간씩
마스카르포네 치즈 스프레드 → 마스카르포네 치즈 2Ts, 레몬 제스트 ½개 분량, 꿀 1ts,
엑스트라 버진 올리브유 1Ts, 소금·후춧가루 약간씩

늘 생으로 즐기던 재료를 익히면 완전히 다른 느낌으로 변신해요. 포도를
오븐에 구우면 불 향이 더해지고 말캉말캉한 식감에 입안에서 기분 좋은
산미와 단맛이 톡톡 터진답니다. 저는 바삭하게 구운 빵에 산미와 단맛을
더한 마스카르포네 치즈 스프레드를 바르고 구운 포도를 듬뿍 올렸어요.
구운 포도는 생선 요리의 가니시로도 잘 어울리고요. 부드럽고 고소한
콩물이나 부라타 치즈와 매칭하는 것도 추천해요. 구운 잣이 중간중간
씹히면서 고소함을 더해줘요.

① 포도는 알알이 떼어내고 소금, 후춧가루, 엑스트라 버진 올리브유를 뿌려
200℃로 예열한 오븐에 20분간 굽는다.

② 볼에 마스카르포네 치즈 스프레드 재료를 모두 넣어 섞는다.

③ 팬에 버터를 두르고 빵을 중약불에서 노릇하게 굽는다.

④ 볼에 구운 포도와 구운 잣, 다진 딜, 엑스트라 버진 올리브유, 소금, 후춧가루를 넣고 섞는다.

⑤ 구운 빵에 마스카르포네 치즈 스프레드를 바른 뒤 ❹와 다진 딜 순으로 올리고
엑스트라 버진 올리브유, 소금을 뿌려 완성한다.

짭조름한 감자칩과 새콤 달콤한 매시트 블루베리의 조합이에요. 크리미한 리코타 치즈가 이 둘을 부드럽게 감싸 맛과 식감, 컬러가 조화롭게 어우러져요. 디시에서 각각의 역할을 이해하면 응용할 수 있는 방법이 무궁무진해요. 시간이 부족할 땐 시판 감자칩과 블루베리잼으로 만들어도 괜찮아요. 진리의 단짠단짠이라 계속 손이 갈 거예요.

매시트 블루베리, 리코타 치즈, 감자칩

× × ×

Ingredients

감자 1개, 차이브·레몬 제스트 적당량, 소금·후춧가루 약간씩
매시트 블루베리 → 버터 10g, 블루베리 2Ts, 레몬 제스트 ½개 분량,
소금·후춧가루 약간씩
리코타 치즈 딥 → 리코타 치즈 3Ts, 꿀 1Ts, 엑스트라 버진 올리브유 1Ts,
소금·후춧가루 약간씩

① 감자는 깨끗이 씻고 얇게 슬라이스한다.

② 차이브는 송송 썬다.

③ 볼에 리코타 치즈 딥 재료를 모두 넣고 섞는다.

④ 달군 팬에 버터를 두르고 블루베리를 중불에서 익힌다.

⑤ 소금, 후춧가루로 간하고 포크로 으깬 뒤 레몬 제스트를 넣는다.
맛을 보고 레몬즙이나 설탕을 추가한다.

⑥ 감자는 180℃로 달군 식용유에 바삭하게 튀긴 뒤 소금과
후춧가루를 뿌린다.

⑦ 감자칩 위에 리코타 치즈 딥, 매시트 블루베리, 차이브, 레몬
제스트, 소금 순으로 올려 완성한다.

가지 스테이크와 자두 살사

× × ×

Ingredients

가지 ½개, 버터 20g, 엑스트라 버진 올리브유·다진 이탈리안 파슬리·
고수 잎·그라나파다노 치즈 적당량, 소금·후춧가루 약간씩
자두 살사 → 자두 2개, 다진 적양파 2Ts, 다진 옐로 파프리카 2Ts,
다진 이탈리안 파슬리 1Ts, 엑스트라 버진 올리브유 2Ts, 라임즙 ½개 분량, 핫소스
½ts, 설탕 ½Ts, 라임 제스트·레몬 제스트 적당량, 소금·후춧가루 약간씩

가지를 부드럽게 구운 뒤 식감이 살아 있는 자두 살사를 곁들였어요.
일본식 가지 절임인 나스아게비타시ナスの揚げ浸し처럼 구운 가지의 껍질을
벗긴 뒤 자두 살사에 재웠다가 차갑게 먹어도 잘 어울려요. 과일에
올리브유, 소금, 후춧가루 정도만 뿌려도 되지만 저는 다채로운 맛이
어우러지도록 여러 가지 재료를 더했어요. 설탕은 과일의 당도에 맞춰
가감하고, 매운맛을 좋아한다면 핫소스를 추가하세요. 라임즙이 없으면
레몬즙이나 각종 비니거로 대체해도 좋아요. 칼질이 번거롭다면 푸드
프로세서나 초퍼Chopper를 활용하면 되고요. 이렇게 완성한 살사는 하루가
지나면 더 맛있는데요. 물복숭아처럼 과즙이 많은 과일로 응용해보세요.

① 가지는 길이를 살려 반으로 썬다.

② 자두는 스몰 다이스로 썬다.

③ 볼에 ❷와 나머지 자두 살사 재료를 넣고 가볍게 버무린다.

④ 달군 팬에 가지를 단면이 아래로 가도록 놓고 굽는다. 처음부터 오일을 두르면 기름을 많이 흡수한다. 열이 올라오면 엑스트라 버진 올리브유를 두르고 중불에서 노릇하게 굽는다.

⑤ 가지가 반 정도 익으면 버터를 넣고 가지가 부드러워질 때까지 약불에서 익힌다.

⑥ 소금, 후춧가루, 다진 이탈리안 파슬리를 뿌린다.

⑦ 접시에 담고 자두 살사, 고수 잎, 간 그라나파다노 치즈를 올려 완성한다.

양출 채소 레시피

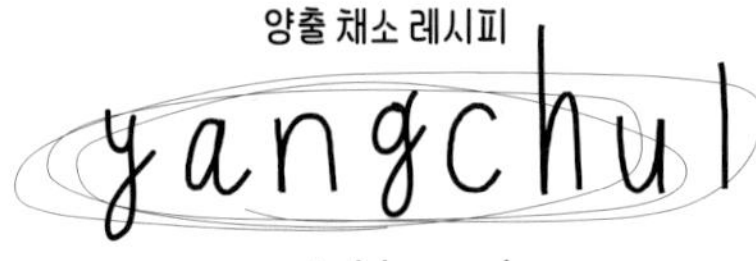

yangchul

vegetable recipe

잎·열매 채소편

초판 1쇄 발행 2023년 9월 4일

지은이 김승미, 송호윤
발행처 아이엔지북스

기획/편집 임정현
사진 studio.ING
디자인 김은정
교열 조진숙
홈페이지 www.ingbooks.kr
이메일 books@ingbooks.kr
전화 02-6953-4439
주소 서울특별시 서초구 서초대로74길 27

ISBN 979-11-90900-74-4 03590

출판등록 2013년 11월 4일
제 2019-000033호

₩ 28,000

---

epilogue

처음 <양출 채소 레시피>가 세상에 나왔을 때 많은 분들이 책을 구매한 뒤 인증 샷을
남겨주시는 것을 보고 채소도 충분히 사랑받고 있다는 것을 느꼈습니다.
여러분 덕분에 채소가 메인이 될 수 있다는 걸 다시 한번 깨달을 수 있었어요.

더 이상 요리가 귀찮고 어려운 일이 아닌 일상의 한 부분이 되었으면 하는 바람이
있습니다. 하루에 한 끼도 차려 먹기 힘들다면 적어도 주말에는 꼭 자신을 위해,
또 사랑하는 사람을 위해 요리해보세요. 결국 먹는 행위가 제일 중요하다는 것을
알게 될 거예요.

양출이 내년이면 10주년을 맞이합니다. 포기하고 싶고, 너무 지치고 힘들어
다 놓아버리고 싶은 적도 많았어요. 하지만 여러분의 응원과 사랑 덕분에 여기까지
올 수 있었습니다. 이 은혜 맛있고 건강한 요리로 보답하겠습니다.
양출 채소 레시피를 통해 힐링해주세요!!

감사합니다.